1° Modulo

Principio di Induzione
Come si applica nelle dimostrazioni in Matematica

Supponiamo di avere 1000 pentole, anche se nella figura ne vediamo solo quattro.

Controlliamo la 1ª pentola e scopriamo che al suo

interno c'è dell' acqua.

Controlliamo la 2ª pentola e scopriamo che anche lì c'è dell' acqua.

Guardiamo cosa c'è dentro la 3ª pentola: anch' essa contiene dell' acqua.

Dopo aver visto coi nostri occhi che le prime 999 pentole contengono acqua, la domanda è: **"possiamo dire, senza controllare, che anche la 1000ª pentola contiene acqua?"**

Il **principio di induzione**, in matematica, merita un' attenzione particolare.

Esso è utile in molte dimostrazioni in cui compaiono i **numeri naturali (N)**.

N = {0, 1, 2, 3, ... }.

Credo che spesso nei libri questo principio non venga spiegato in modo molto chiaro, e gli studenti fanno fatica a capire perché 'funziona'.

In questo mio Book, proverò a spiegare il principio di induzione nel modo più chiaro possibile, utilizzando un linguaggio semplice e concreto, un pò diverso dall' approccio formale usato dai più comuni libri di matematica.

In Filosofia, capita di studiare la differenza tra **deduzione** e **induzione**:

la prima ci fa andare dal generale al particolare; la seconda, viceversa, ci fa procedere dal particolare al generale.

Vedremo meglio, con degli esempi, che cosa si intende per induzione matematica.

Esercizio n. 1
Vogliamo dimostrare che **la somma dei primi n numeri dispari è uguale al quadrato di n.**
Vogliamo cioè dimostrare che **per ogni n>=1** è vera la seguente formula:

$$1 + 3 + 5 + 7 + \dots + (2n - 1) = n^2$$

Scriviamo in modo più "utile" la somma dei primi **n** numeri dispari:

$$(2{\times}1{-}1){+}(2{\times}2{-}1){+}(2{\times}3{-}1){+}(2{\times}4{-}1){+}\dots{+}(2{\times}n{-}1){=}n^2$$

La prima cosa che possiamo fare è "giocare" un pò e verificare che la formula è valida per n=1, n=2, n=3.

Per n=1, si ha che

$(2 \times 1 - 1) = 1^2$

$$1 = 1^2 = 1 \qquad (\underline{VERO})$$

Per n=2, si ha che

$$1 + 3 = 2^2 = 4 \qquad (\underline{vero/true})$$

Per n=3, si ha che

$$1 + 3 + 5 = 3^2 = 9 \qquad (vero/true)$$

Beh, è ovvio che non possiamo fare infinite prove!

La somma dei primi n numeri dispari è uguale al quadrato di n per ogni n>=1, e noi dobbiamo farlo vedere con un ragionamento generale "funzionante".

Come fare?

Prima di continuare, per semplicità, chiamiamo con p(n) l' affermazione che siamo chiamati a dimostrare.

p(n) := "La somma dei primi n numeri dispari è uguale al quadrato di n per ogni n>=1"

Diciamo che viene il 'sospetto' che p(n) sia vera per ogni naturale maggiore o uguale di 1, visto che è vera per n=1, n=2 ed n=3 (lo abbiamo visto prima).

Quindi, supponiamo che p(n) sia vera per un qualunque naturale k >= 1.

Se riusciamo a far vedere che p(k), che supponiamo vera, implica che p(k+1) è vera, allora p(n) è vera per ogni n>=1.

Procediamo.

Supponiamo che p(k) sia vera.

$$P(k) := \text{"} 1 + 3 + 5 + \cdots + (2k-1) = k^2 \text{"}$$

Stiamo supponendo che sia vero che la somma dei primi k numeri dispari è uguale a k^2

Nota: più avanti utilizzerò il simbolo della freccettina (→) che vuol dire 'implica'.

Questo ragionamento funziona perchè se p(k) vera → p(k+1) vera, dove k è il generico numero naturale, allora si ha che p(1) vera → P(2) vera → p(3) vera → p(4) vera → ... ... e così via all' infinito.

Dunque p(n) è vera per ogni n>=1.

Questo processo ci ricorda una reazione a catena (effetto domino) che possiamo visualizzare grazie all' immagine qui sotto:

A questo punto, chiediamoci a che cosa è uguale la somma dei primi k+1 numeri dispari.

Vediamo.

$$1+3+5+\cdots+[2(k+1)-1] =$$

$$= \underbrace{1+3+5+\cdots+(2k-1)}_{\substack{\text{questa è la somma} \\ \text{dei primi k numeri} \\ \text{dispari}}} + \underbrace{[2(k+1)-1]}_{\substack{\text{questo è il numero} \\ \text{dispari (k+1)-esimo}}} =$$

abbiamo supposto che p(k) sia vera

$$= \underbrace{k^2}_{} + [2(k+1)-1] =$$

$$= k^2 + 2k+2-1 =$$

$$= k^2+2k+1 = (k+1)^2$$

Seguendo la catena delle uguaglianze, si vede chiaramente che è vero che la somma dei primi k+1 numeri dispari è uguale al quadrato di k+1.

p(k+1) = "la somma dei primi k+1 numeri dispari è uguale al quadrato di k+1" è vera.

Abbiamo fatto vedere che p(k) vera implica che p(k+1) è vera.

Pertanto p(n) è vera per qualunque naturale maggiore o uguale di 1.

Esercizio n. 2

Dimostrare che <u>per ogni</u> n>=0 si ha che

$$1+3+9+\ldots+3^n = \frac{3^{n+1}-1}{2}$$

Indichiamo con p(n) la proposizione che dobbiamo dimostrare:

$$p(n) := \left(1+3+9+\ldots+3^n = \frac{3^{n+1}-1}{2}, \forall n >= 0\right)$$

Nota: il simbolo $\forall$ significa "**per ogni**".

Ragioniamo.

Divertiamoci a verificare per n=0, n=1 ed n=2.

Ti faccio notare che p(n) prevede n+1 termini della sommatoria al 1° membro.

Dunque p(0) prevede 0+1 termini della sommatoria al 1° membro;
p(1) prevede 1+1 termini della sommatoria al 1° membro;
p(2) prevede 2+1 termini della sommatoria al 1° membro.

$$p(0) := \text{''} \; 1 = \frac{3^{0+1} - 1}{2} \; \text{''} \qquad \text{(vero/true)}$$

$$p(1) := \text{''} \; 1 + 3^1 = \frac{3^{1+1} - 1}{2} \; \text{''} \qquad \text{(vero/true)}$$

$$p(2) := \text{''} \; 1 + 3 + 3^2 = \frac{3^{2+1} - 1}{2} \; \text{''} \qquad \text{(vero/true)}$$

Beh, basta fare un pò di conticini e vedere che effettivamente p(n) è vera per n=0, n=1 ed n=2.

Come dimostrare che p(n) è vera <u>per ogni</u> n>=0 ?

Supponiamo che p(n) sia vera per un generico k naturale maggiore o uguale a zero.

Se riusciamo a far vedere che p(k) vera implica che p(k+1) è vera, allora p(n) è vera per ogni n>=0.

Perchè?

Beh, perchè, essendo k il generico numero naturale, p(0) vera implica p(1) vera; p(1) vera implica p(2) vera; p(2) vera implica p(3) vera, e così via, per ogni numero naturale maggiore o uguale a zero.

Dunque, supponiamo vera p(k):

$$p(k) := \text{ " } 1 + 3 + 3^2 + \cdots + 3^k = \frac{3^{k+1} - 1}{2} \text{ "}$$

supponiamo che sia vero!

Ora, come possiamo scrivere p(k+1) ?

$p(k+1) := $

$$\underbrace{1 + 3 + 3^2 + \cdots + 3^k + 3^{k+1}}_{} = \underbrace{\frac{3^{k+1} - 1}{2}}_{} + 3^{k+1} \text{''}$$

abbiamo supposto che
p(k) sia vera

Andando avanti, lavorando sul 2º membro di p(k+1), si ha

$$\text{''}\ 1 + 3 + 3^2 + \cdots + 3^k + 3^{k+1} = \frac{3^{k+1} - 1 + 2\cdot 3^{k+1}}{2}\ \text{''}$$

$$\text{''}\ 1 + 3 + 3^2 + \cdots + 3^k + 3^{k+1} = \frac{3\cdot 3^{k+1} - 1}{2}\ \text{''}$$

$$\text{''}\ 1 + 3 + 3^2 + \cdots + 3^k + 3^{k+1} = \frac{3^{(k+1)+1} - 1}{2}\ \text{''}$$

Pertanto abbiamo che

$$p(k+1) := " \ 1 + 3 + 3^2 + \dots + 3^k + 3^{k+1} = \frac{3^{(k+1)+1} - 1}{2} \ "$$

Abbiamo mostrato che p(k) vera implica p(k+1) vera.

Ciò significa che p(k+1) è vera partendo dall' ipotesi che p(k) sia vera.

Dunque, lo ripetiamo per maggiore chiarezza, si ha la seguente catena infinita di implicazioni:

p(0) vera implica p(1) vera;
p(1) vera implica p(2) vera;
p(2) vera implica p(3) vera;
... ...
... ...
all' infinito...

Per tale motivo, p(n) è vera per ogni n>=0

Esercizio n. 3
Facciamo vedere, questa volta senza ricorrere al principio di induzione, perchè

$$1^2+2^2+3^2+\ldots+n^2=\frac{1}{6}n(n+1)(2n+1)$$

Ciò significa che la somma dei quadrati dei primi n numeri naturali

$$1^2 + 2^2 + 3^2 + \ldots + n^2$$

è uguale a

$$\frac{1}{6}n(n+1)(2n+1)$$

Ragioniamo come segue:

$$(K+1)^3 = K^3 + 3K^2 + 3K + 1$$

$k=0 \quad (0+1)^3 = 1^3 = 0^3 + 3 \cdot 0^2 + 3 \cdot 0 + 1$

$k=1 \quad (1+1)^3 = 2^3 = 1^3 + 3 \cdot 1^2 + 3 \cdot 1 + 1$

$k=2 \quad (2+1)^3 = 3^3 = 2^3 + 3 \cdot 2^2 + 3 \cdot 2 + 1$

$\vdots$

$k=m-1 \quad (m-1+1)^3 = m^3 = (m-1)^3 + 3(m-1)^2 + 3(m-1) + 1$

$k=m \qquad\qquad (m+1)^3 = m^3 + 3m^2 + 3m + 1$

La somma di tutti i primi membri è uguale alla somma di tutti i secondi membri.

Guarda con attenzione i passaggi seguenti:

$k=0 \quad (0+1)^3 = 1^3 = \underline{0^3 + 3\cdot 0^2 + 3\cdot 0 + 1}$

$\downarrow + \qquad\qquad \downarrow +$

$k=1 \quad (1+1)^3 = 2^3 = \underline{1^3 + 3\cdot 1^2 + 3\cdot 1 + 1}$

$\downarrow + \qquad\qquad \downarrow +$

$k=2 \quad (2+1)^3 = 3^3 = \underline{2^3 + 3\cdot 2^2 + 3\cdot 2 + 1}$

$\vdots \quad\quad \downarrow + \quad \vdots$

$k=m-1 \quad (m-1+1)^3 = m^3 = \underline{(m-1)^3 + 3(m-1)^2 + 3(m-1) + 1}$

$\downarrow + \qquad\qquad \downarrow +$

$k=m \qquad\qquad (m+1)^3 = m^3 + 3m^2 + 3m + 1$

Facendo le somme, scrivendo in maniera opportuna, otteniamo

$$1^3 + 2^3 + \cdots + m^3 + (m+1)^3 = 0^3 + 1^3 + 2^3 + \cdots + m^3 +$$
$$+ 3\cdot 0^2 + 3\cdot 1^2 + 3\cdot 2^2 + \cdots + 3m^2 +$$
$$+ 3\cdot 0 + 3\cdot 1 + 3\cdot 2 + \cdots + 3m +$$
$$+ \underline{1 + 1 + 1 + \cdots + 1}$$

qui il numero 1 compare n+1 volte

Andando avanti, si ha

$$1^3 + 2^3 + \cdots + m^3 + (m+1)^3 = 1^3 + 2^3 + \cdots + m^3 +$$
$$+ 3 \cdot \left(1^2 + 2^2 + \cdots + m^2\right) +$$
$$+ 3 \cdot \left(1 + 2 + \cdots + m\right) +$$
$$+ (m+1)$$

Tra un pò faremo delle semplificazioni e troveremo la somma dei quadrati che stiamo cercando.

Ricordiamo che

$$1+2+3+\ldots+n=\frac{1}{2}n(n+1)$$

Puoi divertirti a dimostrarlo per induzione.

Ciò che abbiamo scritto vuol dire che la somma dei primi n numeri naturali è uguale a n(n+1)/2 .

Andiamo avanti.

$$1^3 + 2^3 + \cdots + m^3 + (m+1)^3 = 1^3 + 2^3 + \cdots + m^3 +$$
$$+ 3 \cdot \left(1^2 + 2^2 + \cdots + m^2\right) +$$
$$+ 3 \cdot \left(\frac{1}{2}m(m+1)\right) +$$
$$+ (m+1)$$

Segue che

$$3 \cdot \left(1^2 + 2^2 + \cdots + m^2\right) = (m+1)^3 - 3 \cdot \frac{1}{2}m(m+1) - (m+1)$$

Adesso dividiamo 1° e 2° membro per 3, e si ha:

$$1^2 + 2^2 + \cdots + m^2 = \frac{1}{3}(m+1)^3 - \frac{1}{2}m(m+1) - \frac{1}{3}(m+1)$$

Ora, facendo un po' di conticini, si ottiene proprio

$$1^2 + 2^2 + 3^2 + \ldots + n^2 = \frac{1}{6}n(n+1)(2n+1)$$

Dopo aver visto questo interessantissimo ragionamento, <u>dimostra per induzione</u> che questa formula è valida per ogni n>=1.

Dimostra che

$$1^3 + 2^3 + \cdots + m^3 = \left[\frac{m(m+1)}{2}\right]^2 \quad \forall m \geq 1$$

Indichiamo con p(n) la proposizione che dobbiamo dimostrare:

$$p(m) := " 1^3 + 2^3 + \cdots + m^3 = \left[\frac{m(m+1)}{2}\right]^2 \quad \forall m \geq 1 "$$

Divertiamoci a controllare se p(n) è vera per n=1, n=2 ed n=3.

Ti faccio notare che il 1° membro di p(n) è la somma

$$1^3 + 2^3 + 3^3 + \dots + n^3$$

Il 1° membro di p(3) è la somma

$$1^3 + 2^3 + 3^3$$

Il 1° membro di p(2) è la somma

$$1^3 + 2^3$$

Il 1° membro di p(1) si riduce al solo termine

$$1^3$$

Controlliamo, facendo un po' di conticini:

$$p(1) := " \ 1^3 = \left[\frac{1 \cdot (1+1)}{2}\right]^2 \ " \qquad \text{VERA!}$$

$$p(2) := " \ 1^3 + 2^3 = \left[\frac{2 \cdot (2+1)}{2}\right]^2 \ " \qquad \text{VERA!}$$

$$p(3) := " \ 1^3 + 2^3 + 3^3 = \left[\frac{3 \cdot (3+1)}{2}\right]^2 \ " \qquad \text{VERA!}$$

Bene, supponiamo che p(n) sia vera per n=k, dove k è il generico numero naturale maggiore o uguale di 1.

Dunque

$$p(k) := " \ \underbrace{1^3 + 2^3 + \cdots + k^3 = \left[\frac{k(k+1)}{2}\right]^2}_{} \ "$$

supponiamo che
p(k) sia vera!

Se riusciamo a far vedere che p(n) è vera per

n = k+1, partendo da p(k) vera, dove k è il generico numero naturale, allora si ha la seguente catena di implicazioni:

p(1) vera implica p(2) vera;
p(2) vera implica p(3) vera;
p(3) vera implica p(4) vera;
... ...
... ...

Questa catena infinita ci porta a concludere che p(n) è vera per ogni n>=1.

Vediamo dunque p(n) per n=k+1, partendo dall' ipotesi che p(k) sia vera.

$$p(k+1) := {}^{\prime\prime} 1^3 + 2^3 + \cdots + (k+1)^3 = \left\{ \frac{(k+1)[(k+1)+1]}{2} \right\}^2 {}^{\prime\prime}$$

È vera p(k+1) ???

Vediamo nei prossimi passaggi cosa otteniamo partendo dall' ipotesi che p(k) sia vera.

$$1^3 + 2^3 + \cdots + k^3 + (k+1)^3 =$$

abbiamo supposto
che p(k) sia vera

$$= \left[\frac{k(k+1)}{2}\right]^2 + (k+1)^3 =$$

$$= \frac{k^2(k+1)^2}{4} + (k+1)^3 =$$

$$= \frac{k^2(k+1)^2 + 4(k+1)^3}{4} =$$

fattore comune

$$= \frac{(k+1)^2 \cdot [k^2 + 4(k+1)]}{4} = *$$

Come vedi, sto lavorando sul 1° membro di p(k+1).

Continuando, si ha

$$* = \frac{(k+1)^2 \left[k^2+4k+4\right]}{4} =$$

$$= \frac{(k+1)^2 (k+2)^2}{4} =$$

$$= \frac{(k+1)^2 \left[(k+1)+1\right]^2}{4} =$$

$$= \left\{ \frac{(k+1)\left[(k+1)+1\right]}{2} \right\}^2$$

Possiamo affermare che p(n) è vera per n=k+1, perchè

$$P(m) := \text{"} 1^3 + 2^3 + \cdots + m^3 = \left[\frac{m(m+1)}{2}\right]^2 \text{"}$$

per n=k+1 diventa

$$p(k+1) := \text{"} 1^3 + 2^3 + \cdots + (k+1)^3 = \left\{\frac{(k+1)\left[(k+1)+1\right]}{2}\right\}^2 \text{"}$$

Abbiamo visto prima che
p(k+1) è vera partendo dall' ipotesi che p(k) sia vera.

Concludendo, per l' "effetto domino", p(n) è vera per ogni n>=1.

Esercizio n. 5

Dimostrare, per induzione, che la somma, espressa in gradi, degli angoli interni di un poligono convesso, avente n lati, è di $(n-2) \times 180°$, per ogni n>=3.

Sia p(n):= "la somma degli angoli interni di un poligono convesso, avente n lati, è di $(n-2) \times 180°$, per ogni n>=3".

Per n=3, il poligono è un triangolo (guarda la figura seguente), ed effettivamente la somma dei suoi angoli interni è
$(3-2) \times 180° = 1 \times 180° = 180°$.

Dunque p(3) è vera!

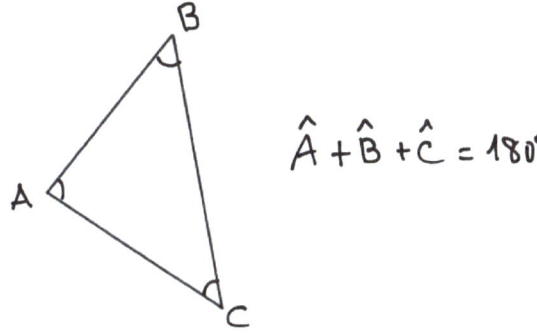

$$\hat{A} + \hat{B} + \hat{C} = 180°$$

Giochiamo ancora coi numeretti!
Per n=4, il poligono è un quadrilatero, ed effettivamente la somma dei suoi angoli interni è (4-2) x 180° = 2x180° = 360°. Guarda la figura seguente: 4 lati e 2 triangoli.

Anche p(4) è vera!

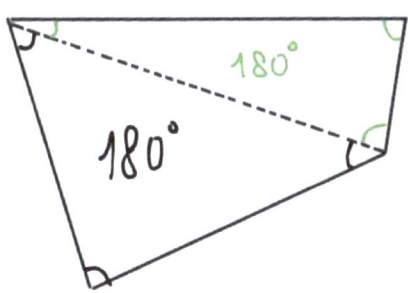

Per n=5, il poligono è un pentagono, ed effettivamente la somma dei suoi angoli interni è (5-2) x 180° = 3x180° = 540°. Guarda la figura seguente: 5 lati e 3 triangoli.

P(5) è vera!

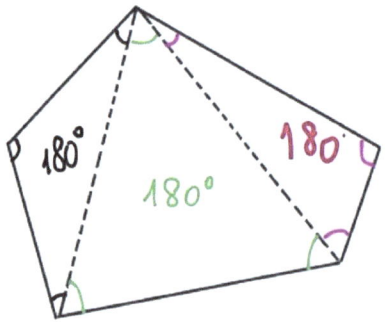

Sembra davvero che la proposizione del 5° esercizio sia vera qualunque sia il numero dei lati del poligono.

Supponiamo dunque che la proposizione sia vera per un poligono di n lati, e consideriamo un poligono di n+1 lati al quale sopprimiamo un lato nel modo illustrato nella figura seguente:

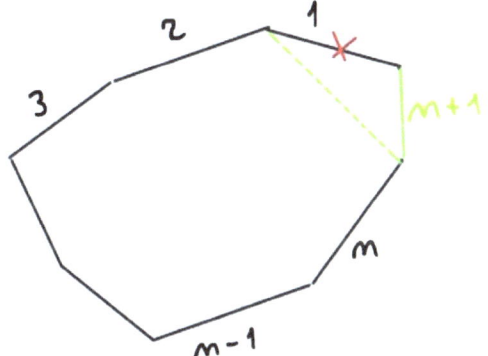

Prendiamo in considerazione, adesso, il poligono fatto dei lati 2, 3,..., n-1, n e quello tratteggiato.

Questo poligono ha n lati (vedi prossima figura), e la somma dei suoi angoli interni è uguale a (n-2)x180°.

Lo abbiamo supposto vero!

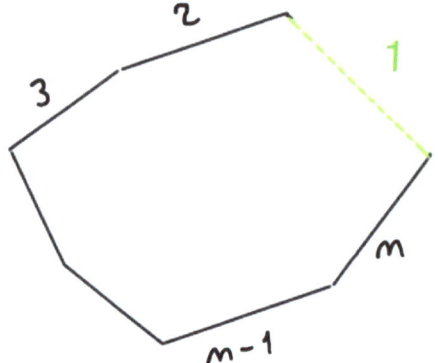

Ora, la somma degli angoli interni del poligono di n+1 lati della figura successiva è (n-2)x180°+180°.

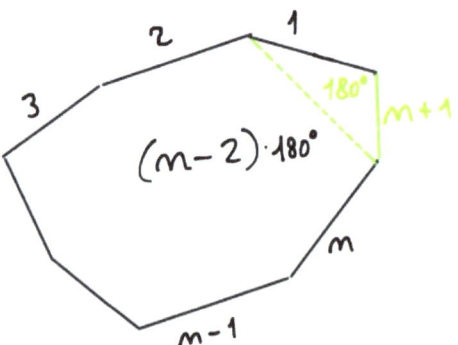

Facciamo un pò di conticini:

$(n-2) \times 180° + 180° =$
$= n \times 180° - 2 \times 180° + 180° =$
$= n \times 180° - 180° =$
$= (n-1) \times 180° =$
$= (n+1-2) \times 180° =$
$= [(n+1)-2] \times 180°.$

Ripetiamo:

la somma degli angoli interni del poligono di $n+1$ lati è $(n-2) \times 180° + 180°$, che è uguale a $(n+1-2) \times 180°$.

Ecco, poichè $p(3)$ è vera e $p(n)$ vera implica che $p(n+1)$ è vera, allora

$p(3)$ implica $p(4)$ vera;
$p(4)$ implica $p(5)$ vera;
$p(5)$ implica $p(6)$ vera;
...
...

Possiamo concludere che $p(n)$ è vera per ogni $n >= 3$.

Dimostrare, per induzione, che n(n-1) è pari, per ogni n, naturale, maggiore o uguale di 1.

Sia

p(n) := " n(n-1) è pari, per ogni n naturale maggiore o uguale di 1 ".

Dobbiamo dimostrare che la proposizione p(n) è vera!

Proviamo con n=1.

p(1): "1x(1-1)=1x0=0 è pari". Vera, perchè il numero 0 è pari!

Proviamo con n=2.

p(2): "2x(2-1)=2x1=2 è pari". Vera, perchè il numero 2 è pari!

Se andiamo avanti con le prove (n=3, n=4 etc.), scopriamo che n(n-1) è pari.

La domanda è:
«Siamo sicuri che proprio tutti i numeri naturali n maggiori o uguali di 1 rendono n(n-1) pari?»

Un ragionamento generale è il seguente.

Visto che 'sembra' che, per tutti gli n naturali, n(n-1) è pari, supponiamo che p(n) sia vera per n=k (k è il generico numero naturale maggiore o uguale di 1).

Se p(k) vera implica che p(k+1) è vera, allora

p(1) vera implica p(2) vera;
p(2) vera implica p(3) vera;
p(3) vera implica p(4) vera;
...
...

E così, possiamo concludere che p(n) è vera per ogni n>=1.

Ragioniamo.

Supponiamo che p(n) sia vera per n=k, dunque

k(k-1) è pari.

Se k(k-1) è pari, allora possiamo scrivere k(k-1) come multiplo di 2, così:

k(k-1)=2h, dove h è un numero naturale generico.

Quindi stiamo supponendo che k(k-1)=2h sia vero.

Lavoriamo adesso su p(n), per n=k+1, per vedere se è vera, partendo dall' ipotesi che p(k) è vera.

$$p(m): \text{"} m(m-1) \text{ è pari } \forall m \in \mathbb{N}, m \geq 1 \text{"}$$

$$p(k+1): \text{"} (k+1)(k+1-1) \text{ è pari "}$$

La domanda è:

p(k+1) è vera?

Chiedersi se p(k+1) è vera equivale a chiedersi se (k+1)[(k+1)-1] è pari.

Vediamo.

(k+1)(k+1-1)=(k+1)k=

$$= k^2 + k = k^2 - k + 2k = \underline{k(k-1)} + 2k = \underline{2h} + 2k = 2(h+k)$$

per ipotesi

La quantità 2(h+k) è ovviamente un numero pari, perchè è un multiplo di 2.

Abbiamo dunque dimostrato che p(k+1) è vera.

Poiché p(1) vera → p(2) vera → p(3) vera → ...
... → p(k) vera → ... ,

allora la proposizione "n(n-1) è pari, per ogni n naturale maggiore o uguale di 1" è vera.

Esercizio n. 7

Dimostrare, per induzione, che n rette parallele dividono il piano su cui giacciono in n+1 parti, per ogni n>=2.

Sia p(n): "n rette parallele dividono il piano su cui giacciono in n+1 parti, per ogni n>=2".

Proviamo con n=2.

Due rette parallele (v. Fig. 1) dividono il piano in
2+1 parti, dunque p(n) è vera per n=2.

Fig. 1

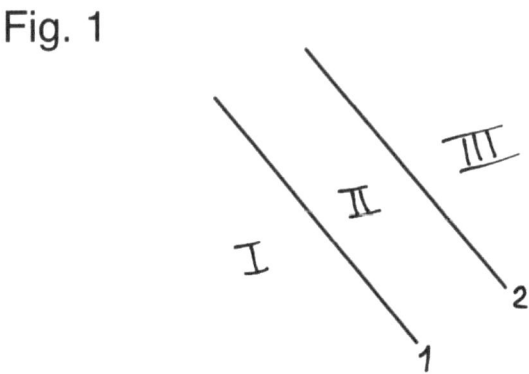

Se proviamo con n=3, vediamo (Fig. 2) che
davvero 3 rette parallele dividono in 3+1 parti il
piano.

Dunque p(n) è vera anche per n=3.

Fig. 2

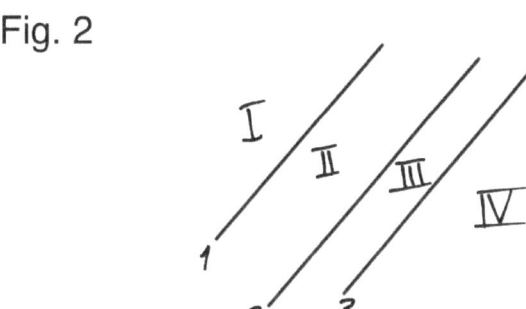

Supponiamo che p(n) sia vera per n=k, cioè supponiamo che k rette parallele dividano in k+1 parti il piano (v. Fig. 3).

Fig. 3

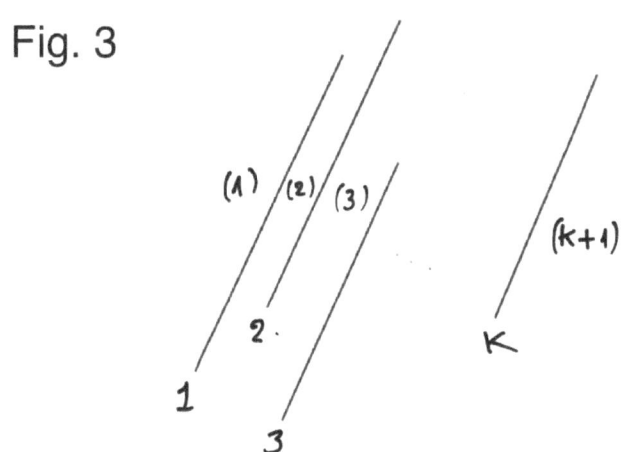

Lo ripetiamo: stiamo supponendo che sia vero ciò che vediamo nella Fig. 3, cioè che k rette parallele dividono il piano in k+1 parti.

Adesso, vediamo se p(k) vera implica che p(k+1) è vera.

Ricordiamo che k è un numero naturale generico.

Se così è, cioè se p(k+1) è vera partendo dall' ipotesi che p(k) è vera, allora si ha la seguente catena di implicazioni:

p(2) vera implica p(3) vera;
p(3) vera implica p(4) vera;
p(4) vera implica p(5) vera;
... ...

e possiamo concludere che p(n) è vera per ogni n>=2.

Consideriamo k+1 rette (vedi Fig. 4).

Fig. 4

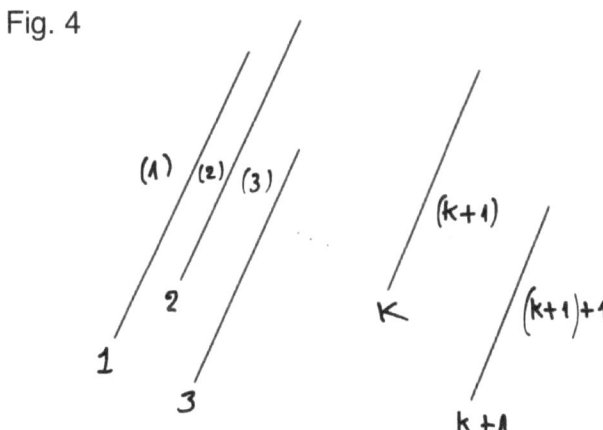

Abbiamo supposto che le k rette a sinistra della (k+1)-esima retta dividono il piano in k+1 parti.

Dunque la k+1 esima retta, che viene collocata nella k+1 esima porzione di piano, divide in due parti la k+1 esima porzione di piano generando la (k+1)+1 esima porzione di piano.

Pertanto, abbiamo fatto vedere che p(k) vera implica che p(k+1) è vera.

Ricordiamo che p(k) significa che k rette parallele dividono il piano su cui giacciono in k+1 parti; mentre p(k+1) significa che k+1 rette parallele dividono il piano su cui giacciono in (k+1)+1 parti.

Siccome p(k) vera implica che p(k+1) è vera, allora, in virtù della catena di implicazioni vista in precedenza [p(2) vera → p(3) vera → p(4) vera → ...], p(n) è vera per ogni n>=2.

Bene, spero che il Principio di Induzione adesso ti sia più chiaro!

2° Modulo

Grafici

e

Trasformazioni Geometriche

In questo secondo modulo, svolgo e commento diversi esercizi che ti aiuteranno a capire come si disegnano i grafici delle funzioni, più o meno complesse, sfruttando, ove possibile, le **trasformazioni geometriche.**

Faremo <u>applicazioni concrete</u> degli elementi teorici più importanti relativi alle **trasformazioni geometriche applicate ai grafici delle funzioni.**

In questa raccolta, i livelli di difficoltà degli esercizi saranno tre:

* Base;
** Intermedio;
*** Avanzato.

Ex. 1 *
Vogliamo scrivere l' equazione della funzione che si ottiene traslando la funzione assegnata qui sotto secondo il vettore **t**(-2, 3). Dopo avere trovato l' espressione analitica della funzione traslata, disegnarne il grafico.

y = - x² + 2x + 1

Vettore traslazione: **t**(-2, 3)

Il punto generico P(x,y) del grafico della nostra funzione si trasforma nel nuovo punto P'(x',y') secondo le seguenti relazioni:

x' = x + (-2)
y' = y + 3

Possiamo scrivere meglio il punto P:

P(x, y)
P(x, - x² + 2x + 1) .

Questo perché l' equazione della funzione assegnata,
y = - x² + 2x + 1, mette in relazione la **x** e la **y** del generico punto **P** del suo diagramma.

Dunque le coordinate del nuovo punto P' sono:

x' = x + (-2)
y' = - x² + 2x + 1 + 3

segue che

x' = x - 2
y' = - x² + 2x + 4

Ora, per trovare l' equazione della funzione traslata (quella trasformata), dobbiamo determinare la relazione tra l' ascissa, x', del punto generico P' del nuovo grafico e la sua ordinata, y'.

Come si fa?

Riprendiamo le due relazioni precedenti

x' = x - 2
y' = - x² + 2x + 4

ed esprimiamo **x** in funzione di **x'** :

x = x' + 2.

Adesso, mettiamo **x' + 2** al posto della **x** nella seconda relazione:

y' = - (x' + 2)² + 2(x' + 2) + 4

Sviluppando e semplificando, si ottiene

y' = - (x'² + 4x' + 4) + 2x' + 4 + 4 →
y' = -x'² - 4x' - 4 + 2x' + 8 →
y' = -x'² - 2x' + 4

Come vedi, quest' ultima è proprio la relazione tra l' ascissa e l' ordinata del generico punto P' della curva traslata.

Possiamo addirittura togliere gli apici e scrivere più semplicemente l' equazione in questo modo:

$y = -x^2 - 2x + 4$ (espressione analitica della funzione traslata)

Perchè abbiamo potuto togliere gli apici?

Beh, perchè **P'(x', y')** rappresenta, tutto sommato, il punto generico della nuova curva, quella dopo la trasformazione, e dunque **x'** e **y'** possono tranquillamente essere sostituite da **x** e **y**, che solitamente rappresentano le coordinate di un generico punto.

Vediamo in un disegno le due funzioni:

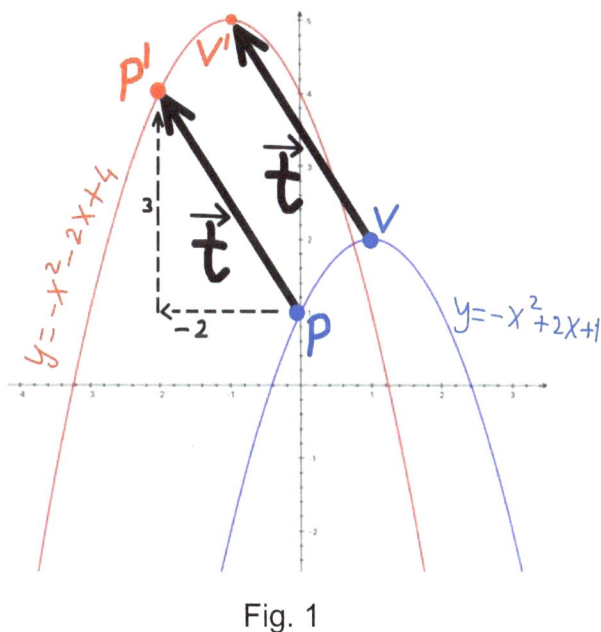

Fig. 1

Siccome lo scopo di questo book è mostrarti come si lavora con le **trasformazioni geometriche**, do per scontato che tu sappia disegnare le parabole della Fig. 1.

Come si vede nella Fig. 1, ogni punto del grafico blu (funzione da trasformare), che può essere visto come la coda del vettore **t**, diventa il corrispondente punto del grafico rosso (funzione trasformata), che può essere visto come la punta del vettore **t**.

In altre parole, la curva blu viene traslata orizzontalmente a sinistra di 2 e poi viene traslata verticalmente verso l' alto di 3, oppure possiamo invertire tranquillamente l' ordine delle due traslazioni: prima la traslazione verso l' alto di 3, poi la traslazione a sinistra di 2.

La parabola blu subisce in pratica uno spostamento rigido secondo il vettore **t(-2, 3)**.

Ex. 2 *
Vogliamo disegnare il diagramma della funzione

y = (x + 1)² - 2

Per rappresentare graficamente questa funzione, ricorriamo allo schema 1 ed allo schema 2:

$$y = f(x)$$
$$\downarrow$$
$$y = f(x + k)$$

K > O

K < O

traslazione del grafico di f(x) parallela all' asse x, con spostamento k verso sinistra

traslazione del grafico di f(x) parallela all' asse x, con spostamento |k| verso destra

Schema 1

$$y = f(x)$$
$$\downarrow$$
$$y = f(x) + k$$

K > O

K < O

traslazione del grafico di f(x) parallela all' asse y, con spostamento k verso l' alto

traslazione del grafico di f(x) parallela all' asse y, con spostamento |k| verso il basso

Schema 2

Riprendiamo la nostra funzione:

y = (x + 1)² - 2

Bene, tenendo conto dei due precedenti schemi, si parte dalla funzione più semplice

y = x²
y = f(x)

e disegniamo la funzione più complessa

y = (x + 1)²
y = f(x + k)

Poichè all'argomento **x** viene aggiunto **k = 1 > 0**, lo schema 1 ci dice che dobbiamo traslare di **1**, orizzontalmente verso <u>sinistra</u>, il grafico della funzione **y = f(x) = x²** .

Vediamo questa traslazione nel prossimo disegno:

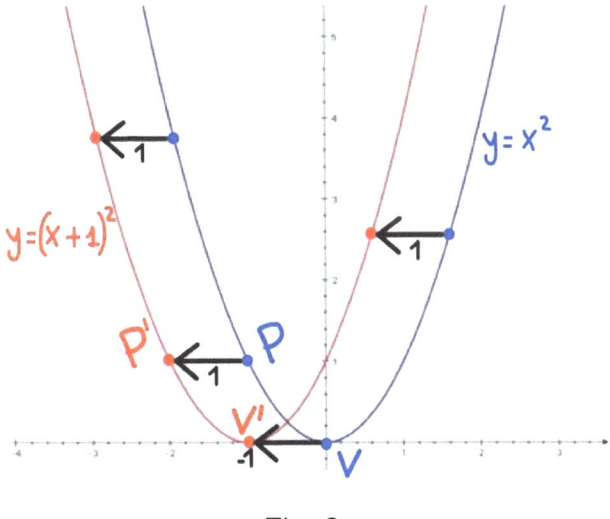

Fig. 2

Ogni punto P del grafico blu della fig. 2 si sposta orizzontalmente di 1 verso sinistra per diventare il punto P' del grafico rosso.

E ora?

Ripartiamo dalla funzione

y = (x + 1)²   questa è ora la nostra funzione

"più semplice"

y = f(x)

e disegniamo la funzione più complessa

y = (x + 1)² - 2
y = f(x) + k

Poiché alla **f(x)** viene aggiunto
k = -2 < 0, lo schema 2 ci dice che dobbiamo
traslare di **2**, verticalmente verso <u>il basso</u>, il grafico
della funzione **y = f(x) = (x + 1)²** .

Vediamo questa traslazione nel prossimo disegno:

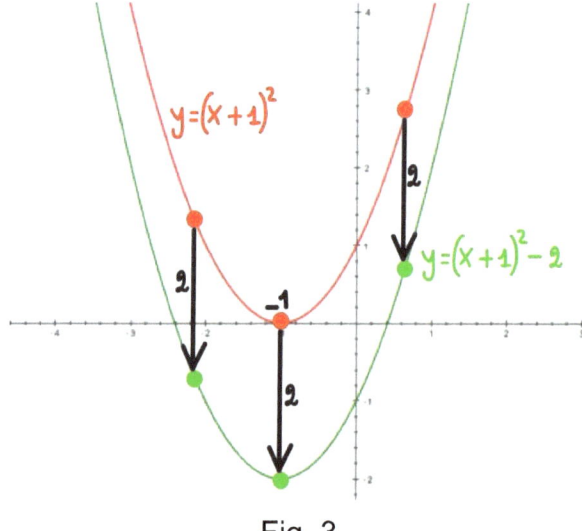

Fig. 3

Ogni punto del grafico rosso della fig. 3 si sposta verticalmente di 2 verso il basso per diventare il punto corrispondente del grafico verde, che è il diagramma della funzione assegnata in questo esercizio n° 2.

Ex. 3 *
Disegnare la funzione

$$y = 1 - |x|$$

Per rappresentare graficamente questa funzione, ricorriamo allo schema 3:

$$y = f(x)$$
$$\downarrow$$
$$y = f(|x|)$$

il grafico di f(|x|) è l' unione tra la porzione di grafico(se c'è) della f(x) che sta a destra dell' asse y e la simmetrica di quest' ultima porzione rispetto all' asse y. Facciamo subito un esempio:

Schema 3

Tenendo conto di questo schema, si parte dalla funzione più semplice

$$y = 1\text{-}x$$

y = $f(x)$

e disegniamo la funzione più complessa

y = $1-|x|$
y = $f(\,|x|\,)$

Poiché l'argomento **x** della funzione più semplice,
y = $1-x$, viene messo in valore assoluto per
ottenere la funzione più complessa, y = $1-|x|$, lo
schema 3 ci dice che dobbiamo considerare la
porzione di grafico della funzione y = 1 - x che sta a
destra dell' asse **y** e unirla con la sua simmetrica
rispetto all' asse delle ordinate. Fatto ciò, si butta
via la porzione di diagramma della funzione
y = 1 - x che sta a sinistra dell' asse **y**.

Vediamo questa trasformazione nel prossimo
disegno:

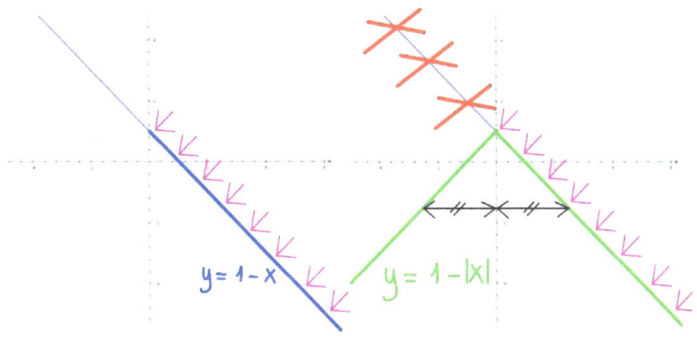

$$y = 1 - x \qquad y = 1 - |x|$$

Fig. 4

Come vedi, nel disegno a sinistra della Fig. 4, vediamo il grafico blu della funzione più semplice, di cui consideriamo la porzione a destra dell' asse **y**, cioè quella indicata dalle freccettine.

Questa porzione destra va unita con la sua simmetrica rispetto all' asse delle ordinate (disegno verde a destra della Fig. 4), e si cancella la porzione del diagramma della funzione blu che sta a sinistra dell' asse **y**.

Il grafico verde che rimane è il diagramma della funzione assegnata, **y = 1 - |x|**.

Bene, per esercizio, ti invito ad utilizzare qualche altro approccio per disegnare il grafico della funzione **y = 1 - |x|**.

Vogliamo rappresentare graficamente la funzione

y = | -x² + 1 |

Ricorriamo allo schema 4:

$$y = f(x)$$
$$\downarrow$$
$$y = |f(x)|$$

Il grafico di |f(x)| si ottiene facendo l' unione tra le porzioni "positive" del diagramma di f(x) e le sue porzioni "negative" simmetrizzate rispetto all' asse x.

Schema 4

La funzione più semplice da cui decidiamo di partire è

y = -x² + 1
y = f(x)

e disegniamo la funzione più complessa

y = | -x² + 1 |

y = |f(x)|

Poiché la funzione f(x) più semplice viene messa in valore assoluto per ottenere la funzione più complessa, |f(x)|, lo schema 4 ci dice di considerare la porzione della funzione $y = -x^2 + 1$ che sta sopra l'asse delle ascisse (indicata dalle freccettine rosse del disegno a sinistra della fig. 5) e unirla con le simmetriche rispetto all'asse orizzontale delle parti "negative" della stessa funzione (quelle che stanno sotto l'asse x, indicate dalle freccettine arancioni).

Fatto ciò, si buttano via (vedi fig. 6) le porzioni "negative" del diagramma di $y = -x^2 + 1$ che stanno sotto l'asse x.

Il grafico che rimane (quello rosso di fig. 6) è il diagramma di $y = | -x^2 + 1 |$.

Vediamo questa trasformazione nei seguenti tre disegni:

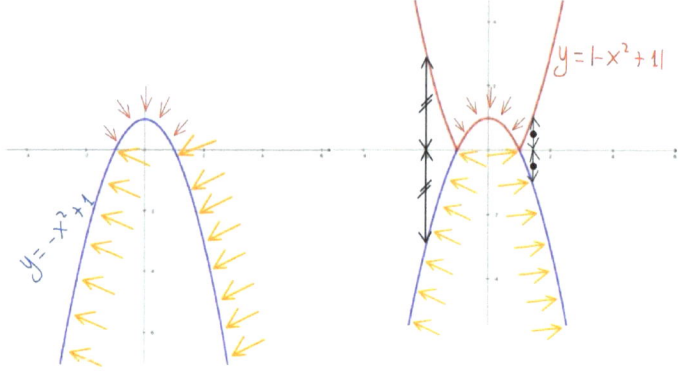

Fig. 5

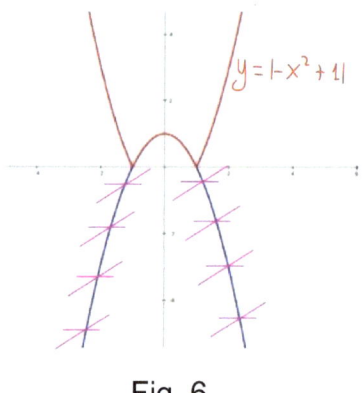

Fig. 6

Ex. 5 *

Disegnare la funzione

y = -x² - 1

Ricorriamo allo schema 5:

$$y = f(x)$$
$$\downarrow$$
$$y = -f(x)$$

il grafico di -f(x) è il
simmetrico del grafico di f(x)
rispetto all' asse x

Schema 5

La funzione più semplice da cui decidiamo di partire è

$\mathbf{y = x^2 + 1}$
$\mathbf{y = f(x)}$

e disegniamo la funzione più complessa

$\mathbf{y = - x^2 - 1 = - (x^2 + 1)}$
$\mathbf{y = - f(x)}$

Poichè davanti alla funzione
$\mathbf{f(x)} = \mathbf{x^2 + 1}$ più semplice viene messo un segno meno, per disegnare il grafico di

y = - f(x) = - (x² + 1) dobbiamo tracciare, secondo lo schema 5, il simmetrico rispetto all' asse x del diagramma della **y = f(x) = x² + 1**.

Vediamo questa trasformazione nella prossima figura:

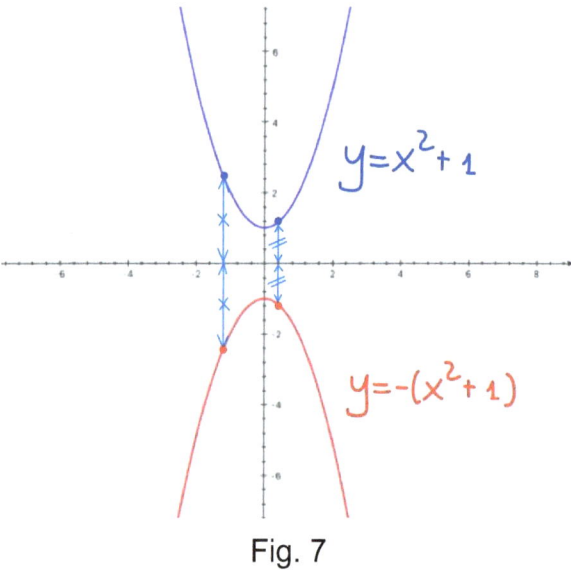

Fig. 7

La funzione assegnata dal 5° esercizio è l' opposto della funzione **f(x) = x² + 1**, e dunque per disegnare **y = - f(x) = - (x² + 1)** dobbiamo "simmetrizzare" rispetto all' asse delle ascisse il diagramma della parabola **y = x² + 1**.

Il diagramma rosso della fig. 7 è quello cercato.

Disegnare la funzione

$$y = \frac{1}{4}\,x^2$$

Ricorriamo allo schema 6:

$$y = f(x)$$

$$\downarrow$$

$$y = k \cdot f(x)$$

$$k > 1 \qquad\qquad 0 < k < 1$$

per disegnare il grafico di **kf(x)** dobbiamo **dilatare** lungo l' asse y il grafico di f(x)

per disegnare il grafico di **kf(x)** dobbiamo **contrarre** lungo l' asse y il grafico di f(x)

Schema 6

La funzione più semplice da cui decidiamo di partire è

$$y = x^2$$

$$y = f(x)$$

e disegniamo la funzione più complessa

$$y = \frac{1}{4} x^2$$
$$y = k\ f(x)$$

Poiché davanti alla funzione $f(x) = x^2$ più semplice troviamo un coefficiente numerico $k = \frac{1}{4}$, compreso tra 0 e 1 ($0 < k < 1$), per disegnare il grafico di $y = \frac{1}{4} x^2$ dobbiamo, secondo lo schema 6, contrarre lungo la verticale (asse y) il diagramma di $y = f(x) = x^2$.

Vediamo questa trasformazione nella prossima figura:

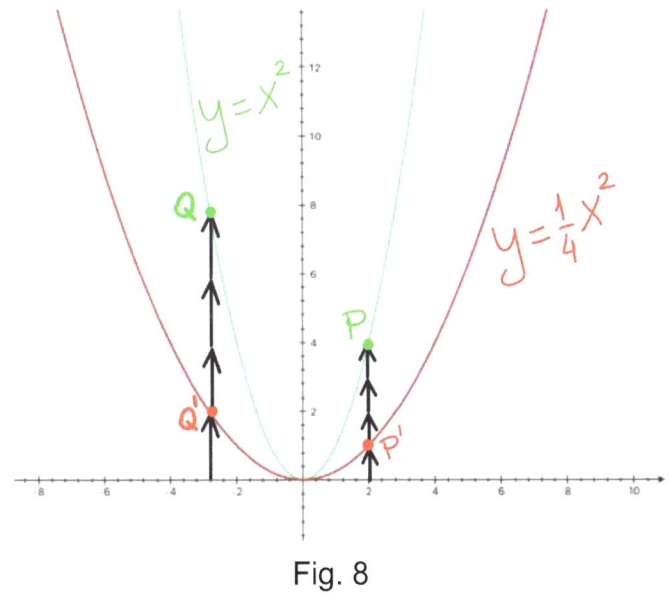

Fig. 8

Come vedi nella fig. 8, ogni punto **P(x,y)** del grafico
verde si trasforma nel suo corrispondente **P'(x',y')**
del grafico rosso secondo questa regola:

1) l' ascissa di P' rimane l' ascissa di
   P (**x' = x**);
2) l' ordinata di P' è uguale alla <u>quarta parte</u>
   dell' ordinata di P ($\mathbf{y'} = \frac{1}{4}\,\mathbf{y}$)

Si può notare la contrazione verticale del grafico
verde (quello della funzione più semplice) che si

trasforma nel diagramma rosso (quello della funzione più complessa).

Vogliamo disegnare il grafico della funzione

$$y = e^{-x+1}$$

Questa funzione, tenendo conto di uno degli schemi già visti e di quello che sto per mostrarti, può essere riscritta, più comodamente, nel seguente modo:

$$y = e^{-(x-1)}$$

Sia $y = f(x) = e^{x}$ la nostra funzione di partenza, quella più semplice, e ricorriamo ad un nuovo schema:

$$y = f(x)$$
$$\downarrow$$
$$y = f(-x)$$

il grafico di f(-x) è il
simmetrico del grafico di f(x)
rispetto all' asse y

Schema 7

Con questo 7° schema siamo in grado di
rappresentare graficamente la funzione
(leggermente complessa)

$$y = e^{-x}$$
$$y = f(-x)$$

partendo dalla funzione più semplice

$$y = e^{x}$$
$$y = f(x)$$

di cui conosciamo il grafico (funzione esponenziale
elementare).

Nella fig. 9 qui sotto, vediamo che il diagramma blu della funzione più semplice, $y = e^{x}$, viene, secondo lo schema 7, simmetrizzato rispetto all' asse y per ottenere il grafico rosso della funzione più complessa, $y = e^{-x}$:

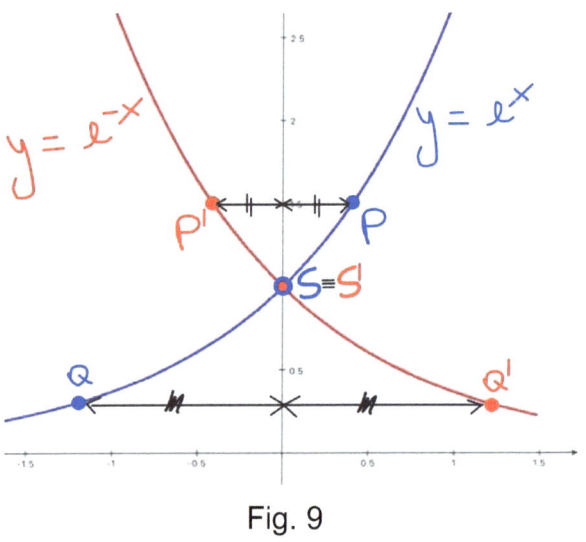

Fig. 9

Il generico punto **P** del grafico blu si trasforma nel punto **P'** del grafico rosso. **P'** è il simmetrico di **P** rispetto all' asse **y**.
Notiamo anche che il punto **S** coincide (≡) con **S'**.

Bene, una volta disegnato il grafico rosso,
occupiamoci finalmente della funzione assegnata

$$y = e^{-(x-1)}$$

partendo, questa volta, dalla funzione

$y = e^{-x}$ (che diventa la nostra funzione più
semplice)

sfruttando il vecchio Schema 1 già visto prima:

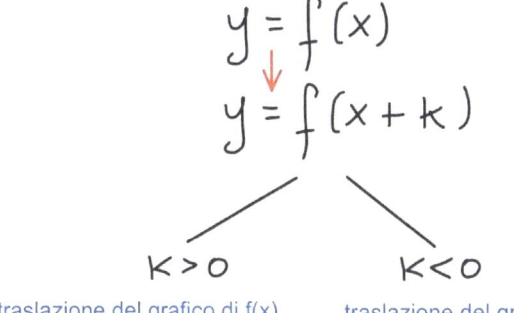

$$y = f(x)$$
$$\downarrow$$
$$y = f(x+k)$$

k > 0   k < 0

traslazione del grafico di f(x)   traslazione del grafico di f(x)
parallela all' asse x, con   parallela all' asse x, con
spostamento k verso sinistra   spostamento |k| verso destra

Schema 1

Se alla **x** dell' ultima funzione che abbiamo scritto
togliamo **1**, otteniamo la funzione assegnata in

questo esercizio, e siamo nel caso dello schema 1, dove **k = -1**.

Dunque il grafico rosso della fig. 9 si sposta di **1** orizzontalmente <u>verso destra</u>.

Vediamo nella figura seguente il diagramma della funzione assegnata:

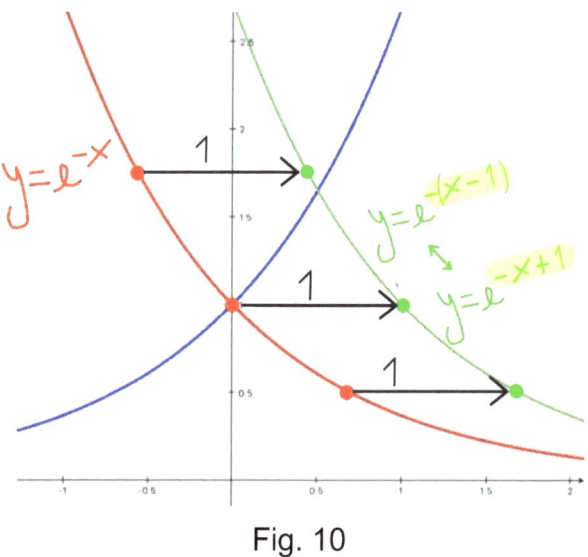

Fig. 10

Come vedi, tutti i punti del grafico rosso della fig. 10 vengono spostati orizzontalmente di **1** verso destra per "trasformarsi" nei punti del grafico verde, che è il diagramma della funzione assegnata.

Vogliamo disegnare la funzione

$$y = \frac{x^3}{27}$$

Tenendo conto di un altro schema che sto per mostrarti, questa funzione può essere riscritta, più comodamente, nel seguente modo:

$$y = \left(\frac{x}{3} \right)^3$$

Ecco lo schema 8:

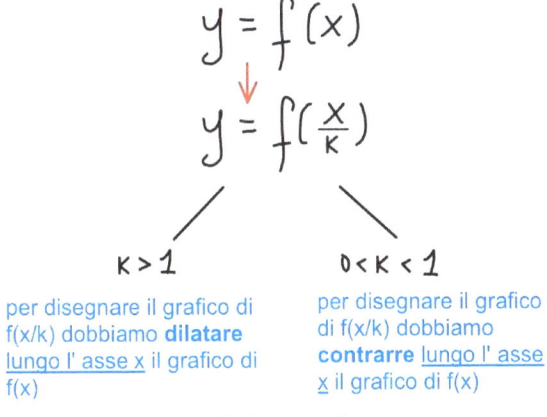

$$y = f(x)$$

$$\downarrow$$

$$y = f\left(\frac{x}{k} \right)$$

K > 1

per disegnare il grafico di f(x/k) dobbiamo **dilatare** lungo l' asse x il grafico di f(x)

0 < K < 1

per disegnare il grafico di f(x/k) dobbiamo **contrarre** lungo l' asse x il grafico di f(x)

Schema 8

La funzione semplice da cui partiamo è

$$y = f(x) = x^3$$

e dobbiamo disegnare la funzione più complessa

$$y = \left(\frac{x}{3} \right)^3$$

Siamo nel caso dello schema 8 perchè l' argomento **x** della funzione $y = x^3$ viene diviso per **k = 3 > 1**, e dunque per rappresentare diagramma di $y = \left(\frac{x}{3} \right)^3$ bisogna <u>dilatare</u> <u>orizzontalmente</u> il grafico di $y = f(x) = x^3$.

Vediamo nella prossima figura:

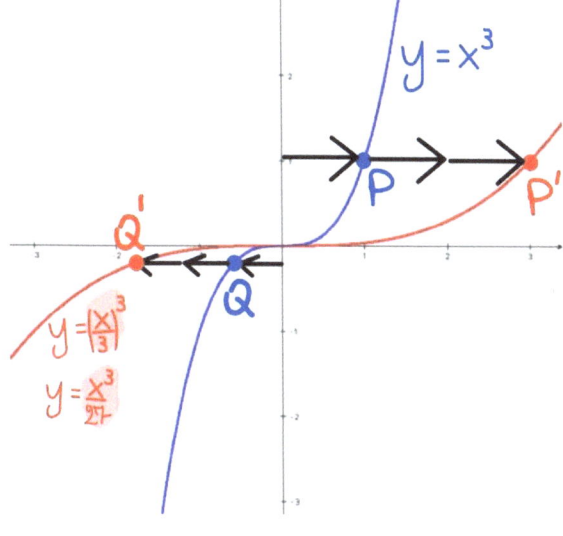

Fig. 11

In pratica, il punto generico **P(x, y)** del grafico blu della figura 11 si trasforma nel suo corrispondente **P'(x', y')** del grafico rosso secondo questa regola:

  1) $x' = k \cdot x$ ($k = 3$)
  2) $y' = y$

In altre parole, si prende il generico punto **P** del grafico blu, si moltiplica per **k = 3** la sua ascissa e si lascia inalterata la sua ordinata per ottenere le coordinate del punto **P'** corrispondente sul grafico rosso.

Disegniamo la seguente funzione:

$$y = \frac{3 \cdot (x-1) + 2}{2 \cdot (x-1) - 3} + 2 \quad.$$

Questa è legata alla funzione più semplice

$$y = \frac{3 \cdot x + 2}{2 \cdot x - 3} \quad,$$

che è una **funzione omografica**, avente la forma

$$y = \frac{a \cdot x + b}{c \cdot x - d}$$, di cui sappiamo disegnare, se abbiamo studiato la teoria sul libro, il diagramma.

Se alla **x** della nostra funzione omografica aggiungiamo **-1**, otteniamo la funzione leggermente più complessa

$$y = \frac{3 \cdot (x-1) + 2}{2 \cdot (x-1) - 3}$$, che rientra nel caso dello schema 1, visto precedentemente.

Poichè alla **x** della funzione omografica viene aggiunto **-1**, il suo grafico subisce una traslazione orizzontale, di **1**, verso destra.

Nella prossima figura, puoi vedere la curva blu della funzione omografica più semplice che si trasforma, traslando orizzontalmente verso destra di **1**, nella curva rossa della funzione, anch' essa omografica, leggermente più complessa. Ti faccio notare che l' equazione della funzione "rossa" si è avvicinata a quella della funzione assegnata.

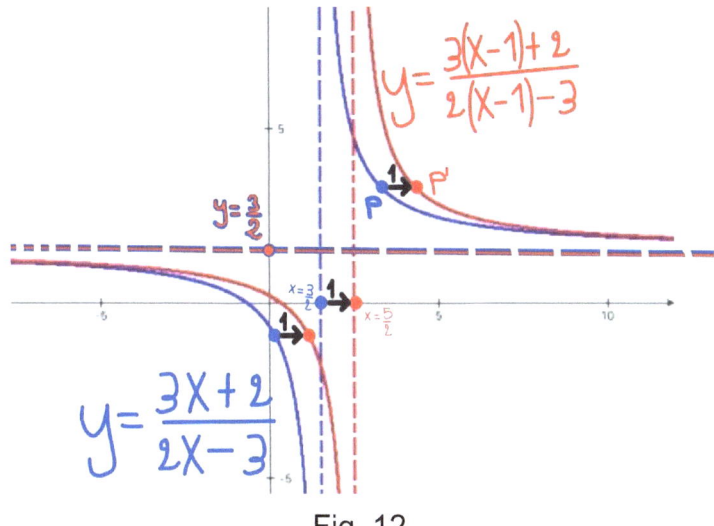

$$y = \frac{3(x-1)+2}{2(x-1)-3}$$

$$y = \frac{3x+2}{2x-3}$$

Fig. 12

E' importante spendere due parole sul fatto che anche gli asintoti della funzione blu traslano nello stesso modo:

l' asintoto verticale blu, **x = 3/2** , diventa l' asintoto verticale rosso,
x = 5/2 , mentre l' asintoto orizzontale blu, **y = 3/2** , traslando orizzontalmente verso destra, rimane se stesso, cioè coincide con l' asintoto orizzontale rosso della funzione rossa.

E ora manca l' ultimo passo: disegnare

$$y = \frac{3 \cdot (x-1) + 2}{2 \cdot (x-1) - 3} + 2$$ (funzione assegnata)

partendo dalla funzione

$$y = \frac{3 \cdot (x-1) + 2}{2 \cdot (x-1) - 3}$$ (quella dal grafico rosso)

Come si vede, a quest' ultima funzione viene aggiunto **2** per ottenere quella assegnata.

Bene, siamo nel caso dello schema 2, visto prima.

In pratica, il diagramma rosso viene traslato verticalmente di **2** verso l' alto, insieme coi suoi asintoti.

Vediamo questa trasformazione nella seguente figura:

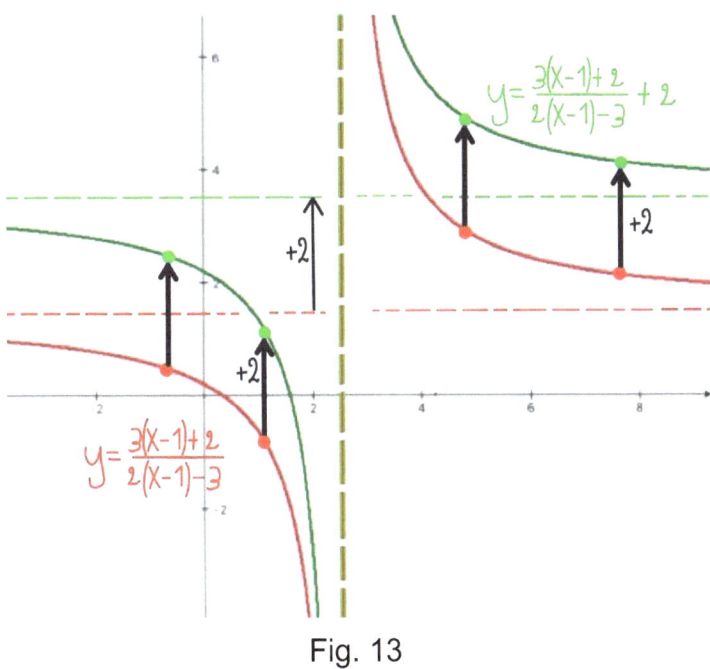

$$y = \frac{3(x-1)+2}{2(x-1)-3} + 2$$

$$y = \frac{3(x-1)+2}{2(x-1)-3}$$

Fig. 13

Come si vede in fig. 13, ogni punto del grafico rosso si sposta verticalmente di **2** verso l' alto, trasformandosi nel proprio punto corrispondente del grafico verde.

Anche l' asintoto verticale rosso subisce la stessa traslazione e coincide con l' asintoto verticale verde.
Possiamo dire che l' asintoto verticale della funzione rossa si trasforma in se stesso.

L' asintoto <u>orizzontale</u> rosso, invece, si trasforma nell' asintoto <u>orizzontale</u> verde, che si trova ad una quota maggiore, aumentata di **2**.

Ora, per concludere l' esercizio 9, senza sovrapporre troppi grafici, sottolineo il fatto che il grafico blu (fig. 12) della funzione più semplice è stato traslato orizzontalmente di **1** verso destra per ottenere il grafico rosso, un pò più complesso.

Poi, il grafico rosso (fig. 13) è stato traslato verticalmente di **2** verso l' alto per ottenere il grafico verde della funzione assegnata.

Alle traslazioni hanno "partecipato" anche gli asintoti.

Ex. 10 ***

Vogliamo rappresentare graficamente il diagramma della seguente funzione:

$$y = ||x - 2| - 3|$$

Questa funzione possiede due "valori assoluti", uno annidato nell' altro.

Come possiamo agire?

Decidiamo di partire dalla semplice funzione

$$y = x - 2 \, ,$$

il cui grafico è una retta, che possiamo vedere disegnata in blu (indicata dalle freccettine celesti) nella prossima fig. 14.

La funzione successiva, leggermente più complessa, che andiamo a disegnare sia

$$y = |x - 2|$$

Vediamo questi primi due grafici:

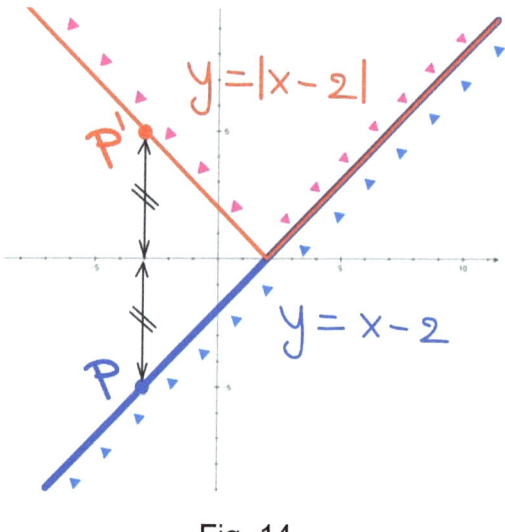

Fig. 14

Come abbiamo visto prima, per rappresentare

y = | x - 2 |

dobbiamo tenere la porzione del grafico blu che sta
sopra l' asse delle ascisse e unirla con la
simmetrica rispetto all' asse **x** della porzione blu
che sta sotto l' asse orizzontale.

Queste due porzioni unite insieme sono state
disegnate (fig. 14) in rosso (indicate dalle
freccettine rosa), per mettere in risalto il grafico
trasformato.

Adesso all' ultima funzione aggiungiamo **- 3** :

y = | x - 2 | - 3

Cosa succede?

Poichè alla funzione **y = | x - 2 |** viene aggiunto un
numero negativo (**-3**), accade che il diagramma
rosso della fig. 14 subisce una traslazione verticale,
di **3**, <u>verso il basso</u>.

Vediamo questa trasformazione nella prossima fig.
15:

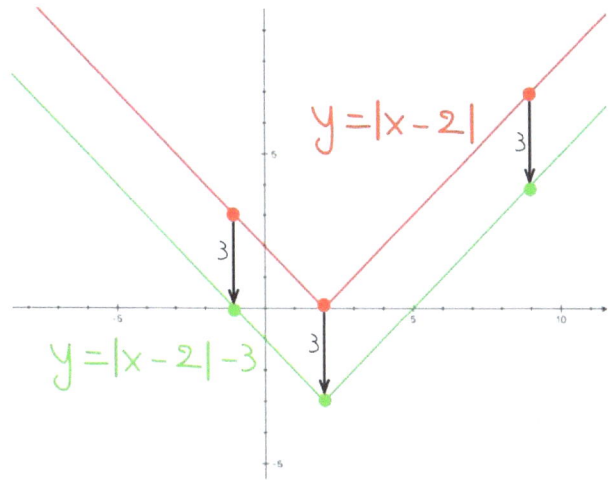

Fig. 15

Il diagramma rosso si trasforma in quello verde.

L' ultimo passo è quello di "ingabbiare" nel valore assoluto l' ultima funzione, quella verde, per disegnare finalmente la funzione assegnata.

Rappresentare graficamente la funzione

$y = | \, | \, x - 2 \, | - 3 \, |$

vuol dire, come abbiamo visto in precedenza, tenere le porzioni del grafico verde che stanno sopra l' asse delle ascisse e unirle con la simmetrica rispetto all' asse **x** della porzione verde che sta sotto l' asse orizzontale.

Vediamo nella seguente fig. 16:

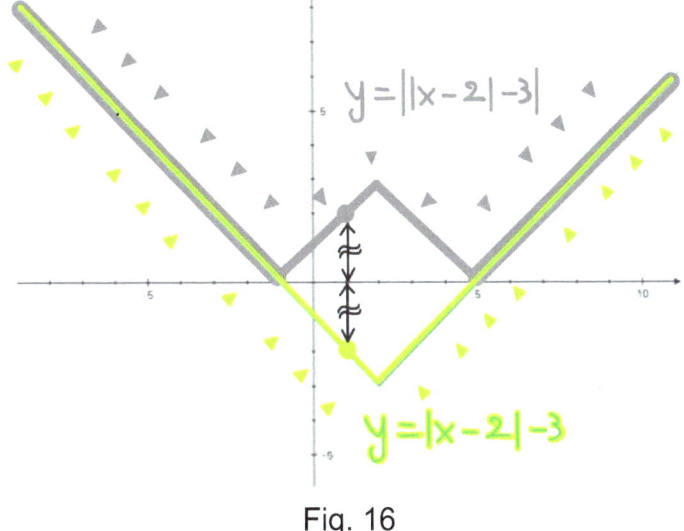

$$y = ||x - 2| - 3|$$

$$y = |x - 2| - 3$$

Fig. 16

L' unione tra queste porzioni è stata disegnata in grigio.

Il diagramma verde (indicato dalle freccettine verdi) si trasforma nel grafico grigio (indicato dalle freccettine grigie).

Il grafico che cercavamo somiglia alla lettera W.

Ex. 11 **
Disegnare la funzione

$$y = e^{\left(\frac{x}{2} - 1\right)}$$

Ci conviene riscriverla in questo modo:

y = $e^{\left(\frac{x-2}{2}\right)}$

Perché l' abbiamo riscritta così?

Il motivo è che, in questo modo, possiamo disegnare, in successione, le seguenti funzioni, dalla più semplice alla più complessa (quella assegnata):

y = e^{x} (11.1)

y = $e^{\left(\frac{x}{2}\right)}$ (11.2)

y = $e^{\left(\frac{x-2}{2}\right)}$ (11.3)

Beh, abbiamo imparato che per disegnare la (11.2) dobbiamo <u>dilatare</u> orizzontalmente, secondo lo schema 8, il grafico della funzione (11.1).

Una volta disegnato il diagramma della funzione (11.2), dobbiamo traslarlo, di **2**, orizzontalmente verso destra, secondo lo schema 1, per ottenere la funzione assegnata, che tra le tre scritte prima è la più complessa.

Vediamo i tre grafici sullo stesso piano cartesiano della seguente fig. 17:

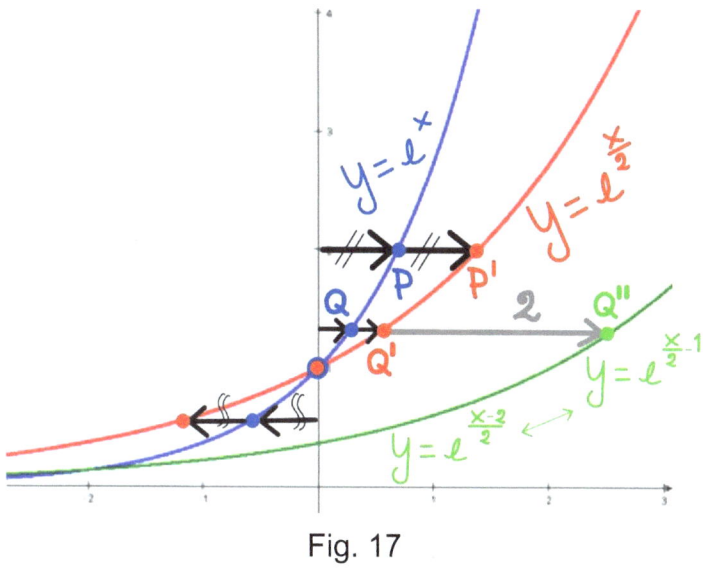

Fig. 17

Come puoi vedere in fig. 17, il punto generico **Q** del grafico blu si trasforma nel suo corrispondente punto **Q'** del grafico rosso (l' ascissa di **Q'** è il doppio dell' ascissa di **Q**, infatti abbiamo a che fare con una <u>dilatazione</u>), e il punto **Q'**, a sua volta, si sposta, di 2, orizzontalmente verso destra per trasformarsi nel punto **Q''** del grafico verde.

Vogliamo rappresentare graficamente la seguente funzione goniometrica:

$$y = 3 \cdot \sin\left(\frac{|x|}{2} + \pi\right)$$

Ci conviene riscriverla così:

$$y = 3 \cdot \sin\left(\frac{|x| + 2 \cdot \pi}{2}\right)$$

In questo modo, possiamo disegnare, in successione, i diagrammi delle seguenti funzioni, dalla più semplice alla più complessa (quella assegnata):

12.1) $y = \sin(x)$

12.2) $y = \sin\left(\frac{x}{2}\right)$

12.3) $y = \sin\left(\frac{x + 2 \cdot \pi}{2}\right)$

12.4) $y = \sin\left(\dfrac{|x| + 2 \cdot \pi}{2}\right)$

12.5) $y = 3 \cdot \sin\left(\dfrac{|x| + 2 \cdot \pi}{2}\right)$

Questo 12° esercizio è ricco di trasformazioni da effettuare.

Per ottenere il grafico della funzione (12.2) bisogna dilatare orizzontalmente il diagramma della funzione (12.1).

Vediamolo in fig. 18 :

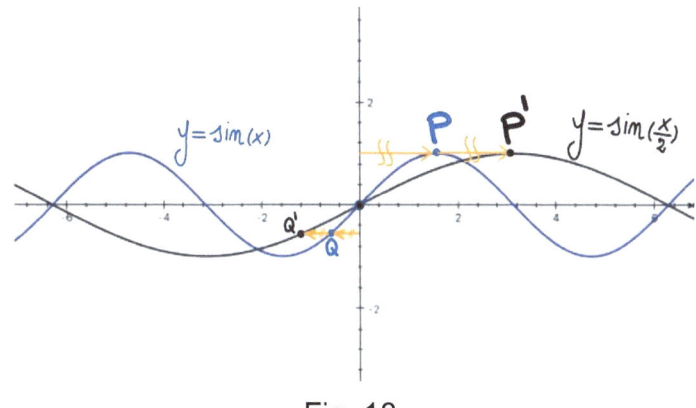

Fig. 18

Ogni punto P del grafico di partenza blu della fig. 18 si trasforma nel suo corrispondente P' del grafico nero secondo questa legge:
P(x, y) → P'(2x, y).

In pratica, l' ordinata di P' rimane uguale a quella di P, mentre l' ascissa di P' è il doppio dell' ascissa di P.

Nella fig. 19 qui sotto vediamo come si disegna la funzione (12.3) partendo dalla (12.2) :

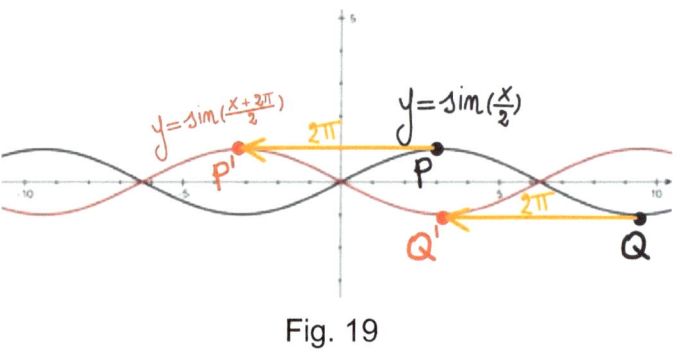

Fig. 19

Il grafico nero della fig. 19 viene traslato orizzontalmente di 2π verso sinistra per ottenere il diagramma rosso.

Nella fig. 20 seguente, dato che la **x** della funzione (12.4) compare in valore assoluto, vediamo che del grafico rosso della funzione (12.3) si considera, stando allo schema 3, solo la porzione che sta a destra dell' asse **y** (quella contenente i punti P e Q e che abbiamo bene evidenziato in verde) e la si unisce alla

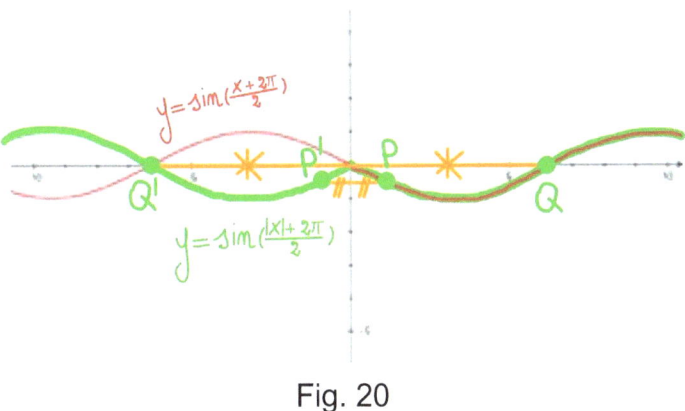

Fig. 20

sua simmetrica rispetto all' asse delle ordinate (anch' essa disegnata in verde e contenente i punti P' e Q').
Il grafico della funzione (12.4) è la curva verde della fig. 20 passante per i punti Q', P', P e Q.

Nella fig. 21 qui sotto, il grafico verde della funzione (12.4) viene dilatato verticalmente per ottenere il grafico rosa della funzione (12.5), secondo questa legge: P(x, y) → P'(x, 3y).

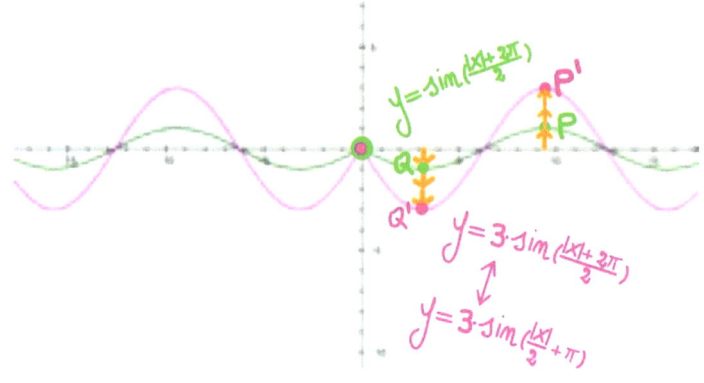

Fig. 21

In pratica, l' ascissa di P' rimane uguale a quella di P, mentre l' ordinata di P' è il triplo dell' ordinata di P.

Bene, dopo una successione di trasformazioni geometriche, siamo giunti al grafico rosa, diagramma della funzione assegnata dall' esercizio 12.

Ex. 13 ***
Rappresentiamo graficamente la seguente funzione:

$$y = \ln\left(1 + \left|\frac{x}{2} - 4\right|\right)$$

Possiamo disegnare, in successione, i diagrammi delle seguenti funzioni, dalla più semplice alla più complessa (quella assegnata):

13.1 $y = \ln(x)$

13.2 $y = \ln(\frac{x}{2})$

13.3 $y = \ln(\frac{x+2}{2}) = \ln(1 + \frac{x}{2})$

13.4 $y = \ln(1 + \frac{|x|}{2})$

13.5 $y = \ln(1 + \frac{|x-8|}{2}) =$

$\ln(1 + |\frac{x-8}{2}|) = \ln(1 + |\frac{x}{2} - 4|)$

Per disegnare la funzione 13.2 si deve dilatare orizzontalmente il grafico della 13.1. Vediamolo:

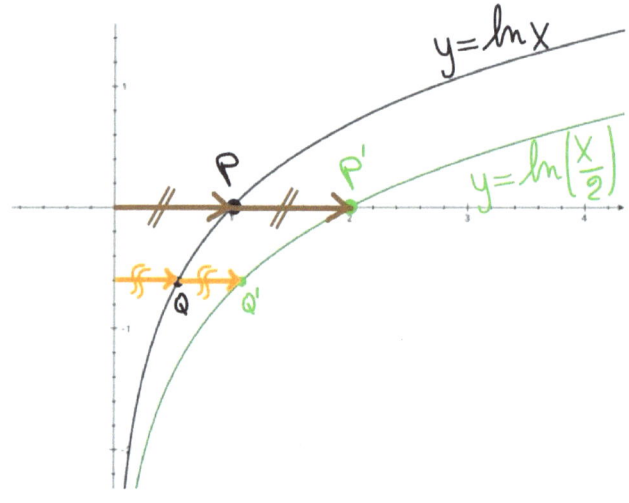

Fig. 22

Il punto generico **P(x,y)** della funzione "nera" si trasforma nel punto corrispondente **P'(x',y')** della funzione "verde" secondo la legge **x' = 2x** e **y' = y**.

In pratica, l' ordinata di P' rimane quella di P e l' ascissa di P' vale il doppio di quella di P (vai all' esercizio n. 8).

Per ottenere il diagramma della 13.3 si trasla orizzontalmente, di 2, <u>verso sinistra</u>, il grafico della 13.2.
Vediamolo:

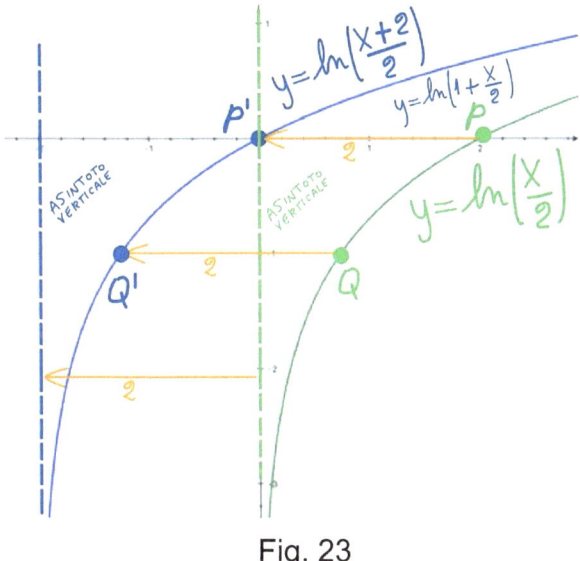

Fig. 23

Siccome alla x della funzione verde viene aggiunto 2, ottenendo così la funzione blu, la funzione verde subisce una traslazione orizzontale, di 2, verso sinistra, per trasformarsi appunto nella funzione blu.

Ti faccio notare che anche l' asintoto verticale della funzione verde subisce la stessa traslazione per diventare l' asintoto verticale della funzione blu.

Adesso disegniamo la funzione 13.4 partendo dalla 13.3.

Bisogna considerare solo la parte del grafico blu che sta a destra dell' asse y e unirla con la sua simmetrica rispetto all' asse delle ordinate. Vediamolo:

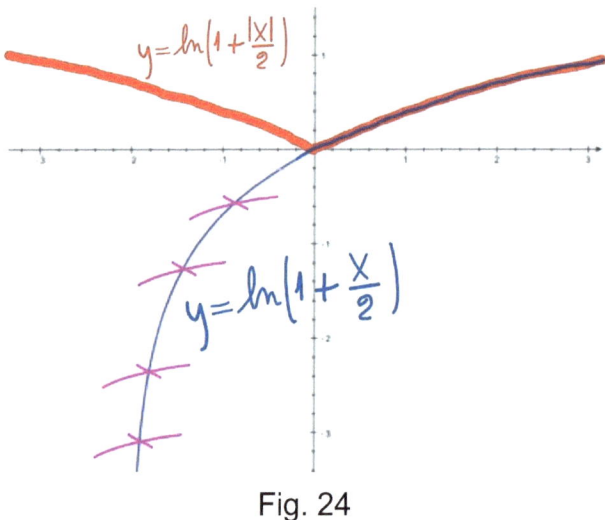

Fig. 24

La porzione di grafico blu che sta a sinistra dell' asse y si "butta via". Come puoi notare, nella figura 24, il grafico rosso è dato dall' unione tra la parte del grafico blu che sta a destra dell' asse y e la sua simmetrica rispetto allo stesso asse.

Bene, non ci rimane che rappresentare graficamente la funzione 13.5 partendo dalla 13.4.

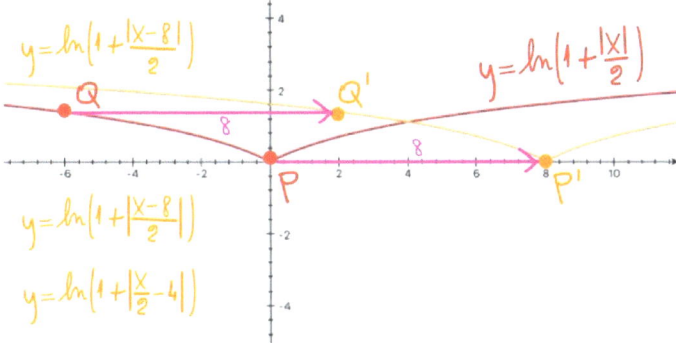

$$y = \ln\left(1 + \frac{|x-8|}{2}\right)$$

$$y = \ln\left(1 + \frac{|x|}{2}\right)$$

$$y = \ln\left(1 + \left|\frac{x-8}{2}\right|\right)$$

$$y = \ln\left(1 + \left|\frac{x}{2} - 4\right|\right)$$

Siccome alla x della funzione rossa aggiungiamo -8, ottenendo così la funzione arancione (quella assegnata dall' esercizio), dobbiamo traslare orizzontalmente, di 8, verso destra, il grafico rosso, per ottenere il diagramma arancione, definitivo.

Questa raccolta di esercizi svolti e commentati termina qui.

Per ricevere **notizie** circa gli **aggiornamenti dei miei books** ed altri **contenuti speciali**, segui questo link:
https://bit.ly/2Ul0Ozu

Se vuoi inviarmi un breve **feed-back**, scrivimi a questo indirizzo: giusemathematics@gmail.com.

Altra cosa per me **molto importante è una tua sincera recensione su Amazon**. Grazie!

Giuseppe Burgio

Appunti

·

www.ingramcontent.com/pod-product-compliance
Lightning Source LLC
Chambersburg PA
CBHW041100180526
45172CB00001B/49